白明植（著/绘）

出生于韩国江华郡，专攻油画，担任出版社主编。他绘制的图书有《吃下大自然》（全4册）、《WHAT什么？自然科学篇》（全10册）、《读书的鬼怪》等；兼任绘画与文字创作的图书有《小猪学校》（全40册）、《人体科学画册》（全5册）、《美味的书》（全7册）、《低年级蒸汽学校》（全5册）、《名侦探小串的生态科学》（全5册）等。获"少年韩国日报优秀图书插图奖""少年韩国日报出版部门企划奖""中央广告大奖""首尔插图奖"等奖项。

长满微生物的书

细菌

［韩］白明植 著/绘

史倩 译

黄河出版传媒集团
阳光出版社

很久很久以前，地球上一片荒芜。

那时候的地球只能用可怕来形容。

炽热的火球熊熊燃烧，火山每天都在爆发。

天空充斥着难闻的毒气。

但是，就在这种恶劣的环境中诞生了某种生命体。

那就是我——细菌！

关于我的由来，科学家们各有各的主张。
有些说我是从那遥远的宇宙飞来的。
有些说我是在地球某个地方自然生长的。
我到底是如何出现在地球上的呢？
至今，仍然没有定论。

毒气

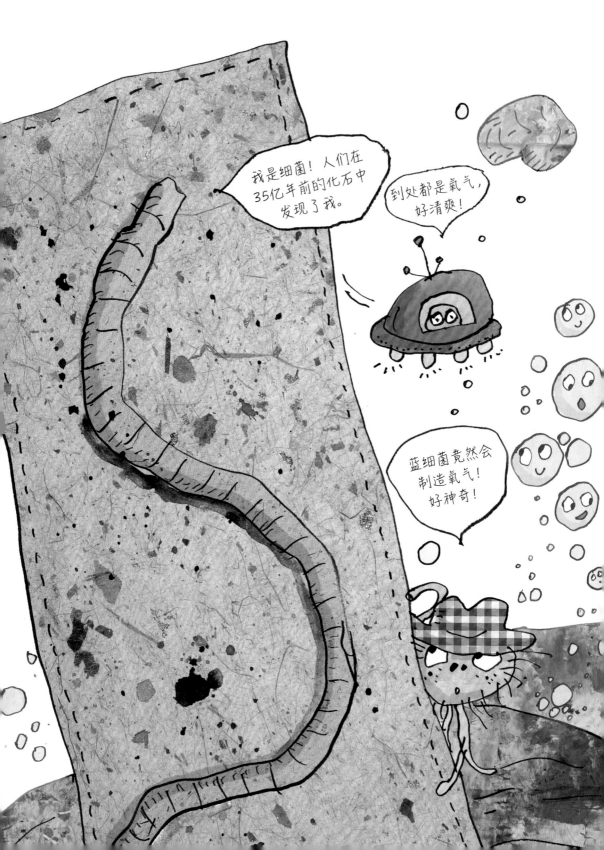

我是一种很小的生物。

我在地球上诞生的初期，

地球上没有氧气。

没有氧气我也能生存！

人的身体里有超过100兆个细菌，

那儿简直就是细菌的天堂。

但更令人吃惊的是，

人体里微生物的总和是细菌总量的10倍还多。

数量真是太庞大了！

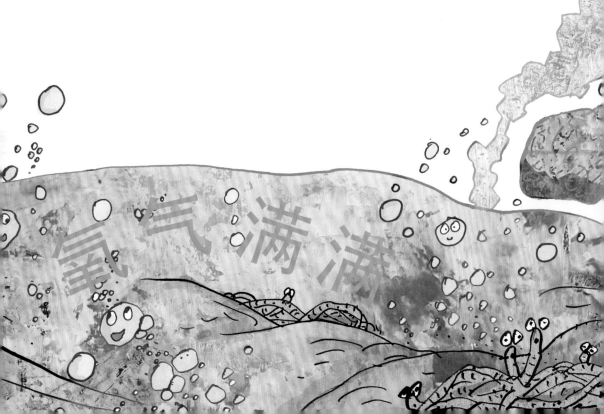

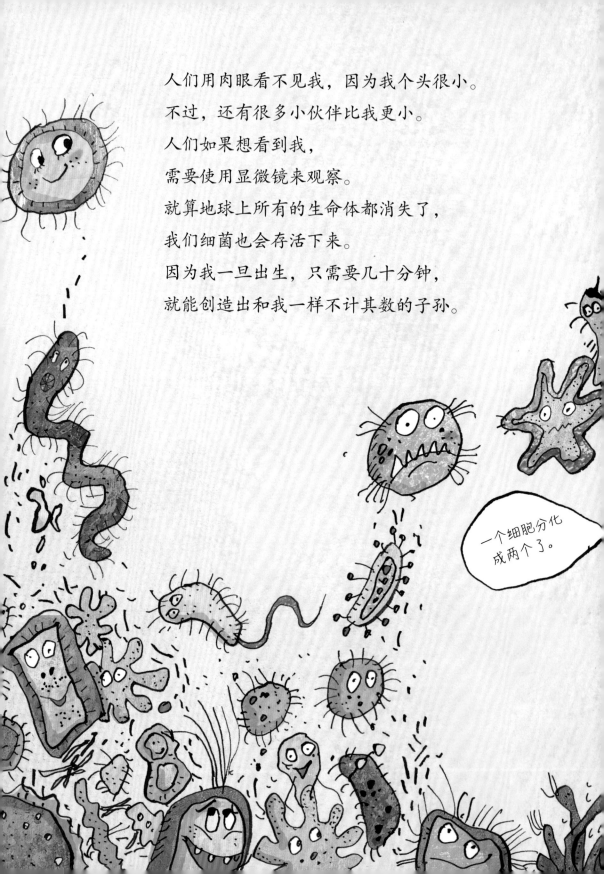

人们用肉眼看不见我，因为我个头很小。
不过，还有很多小伙伴比我更小。
人们如果想看到我，
需要使用显微镜来观察。
就算地球上所有的生命体都消失了，
我们细菌也会存活下来。
因为我一旦出生，只需要几十分钟，
就能创造出和我一样不计其数的子孙。

一个细胞分化成两个了。

一个变成两个，

两个变成四个，四个变成八个，

八个变成十六个……

我们细菌从未停止增长。

一个细菌一天内大概会分化出数千亿个细菌。

想想都觉得自己很厉害！

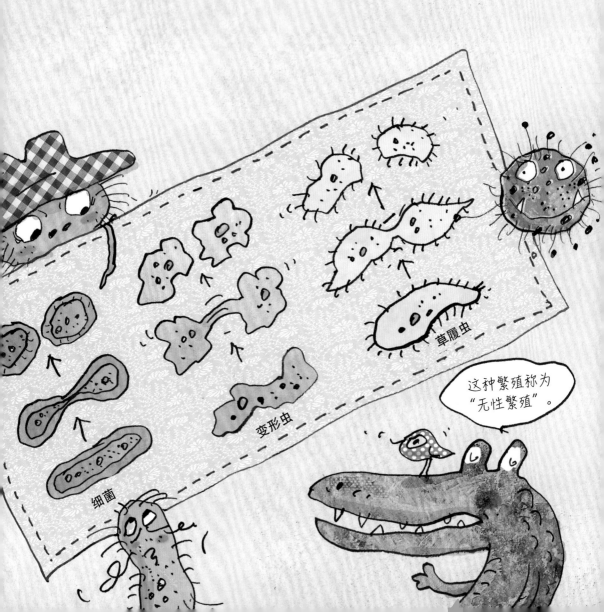

草履虫

变形虫

细菌

这种繁殖称为
"无性繁殖"。

我还是出色的基因工程学家。

基因工程学家们经过长期的研究，

可以轻而易举地搞定研究对象。

而我也有这样一个惊人的秘密——

我从很久很久以前就能随心所欲地操纵基因了。

我能把自己拥有的遗传基因

传递给其他细菌朋友。

我们细菌之间是可以相互交换

彼此的遗传基因的。

只不过，在交换遗传基因的过程中，

可能会制造出一些很奇怪的朋友。

大约35亿年前，我诞生的时候，

地球上一点食物都没有。

一些细菌可以利用阳光、水和二氧化碳制造食物。

这时，一件出乎意料的事情发生了，

蓝细菌，竟然开始了光合作用。

你肯定以为光合作用是植物才有的本领吧？

其实，蓝细菌发生光合作用可比植物早太多了。

也正是如此，细菌的数量得到了疯狂的增长。

蓝细菌拉的便便多到能覆盖整个天空。

氧气竟然是细菌的粪便？

厕所

什么？你说脏？才不会呢！蓝细菌拉的便便又干净又新鲜。

那些便便就是——氧气。

有了氧气后，便形成臭氧层。

臭氧层能保护地球免受紫外线的伤害。

蓝细菌的祖先的粪便变成巨大的保护伞，

得以让地球上繁衍出诸多生命。

我是很能吃的大胃王。

无论什么东西，我都能抓来就吃。

腐烂的食物、动物的尸体、废弃物，统统都能入我口。

如果我不这样吃的话，

地球就会变成巨大的垃圾场。

由此可见，我还是地球的清洁工。

另外，我还能制作美味的食物。

堪称十分优秀的厨师。

酸奶、奶酪、泡菜、
大酱、酱油等，
都是我的拿手菜。
在制作这些食物的日子里，
人们都叫我乳酸菌，
并把我制作食物的过程命名为发酵。
对了，对了，
我们每天吃的泡菜也是发酵食品哦！

噢，原来这就是发酵啊。

制造酵素。

分解食物。

当当当！
新的食物
完成了！

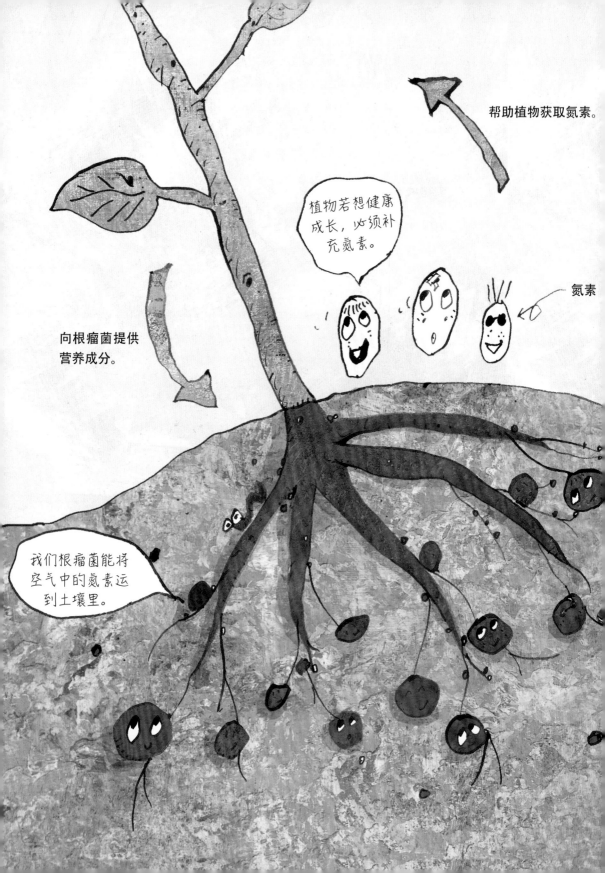

我们细菌对植物来说绝对不可或缺。

植物若想长得好，就需要摄取氮素养料。

我们能帮植物获得氮。怎么帮？

植物不能直接使用空气中的氮素。

所以，我们会把氮转换成植物能够吸收的氨。

负责做这件事的就是根瘤菌了。

我们以这种形式将氮素养料带给植物，

植物也会供给我们养分以示感谢。

大家互帮互助。

当然，为了让植物长得更好，

也可以使用硝酸盐化学肥料。

但是比起化学肥料，我们制造的自然氮素更健康！

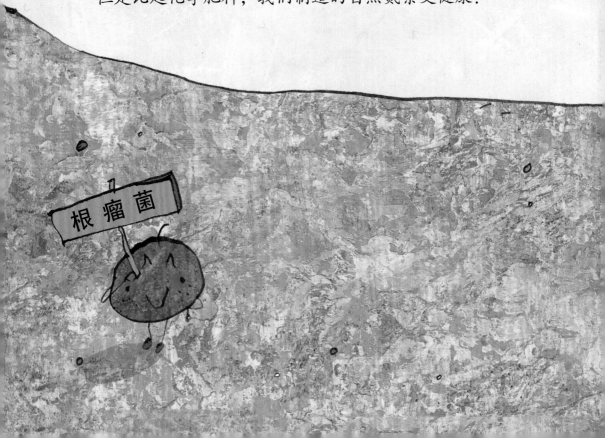

根瘤菌

我们细菌全部都貌美如花。

红色的、白色的、黄色的……

争奇斗艳，大家各有各的特点。

但是，也有一些细菌长得黢黑，

看起来脏兮兮的。

食物之所以会腐烂、变质、颜色暗沉，

都是因为它们在作祟。

我在任何地方都能安家。
我住在天上飘的云朵里，
住在滚烫的开水或咸咸的海水里。
人的皮肤、鼻孔，
甚至头发丝儿上。
不管是在人体外还是人体内，
到处都有我的身影。
我还住在人类随身携带的手机里，

住在卫生间的马桶里，

住在像石头一样坚硬的凝固的油漆里。

甚至，我还能住在能熔化金属的硫酸里。

此外，还有去宇宙旅行的细菌。

安装在发射到月球上的探测器摄像镜头里，

就有一种名为链球菌的细菌，

本以为它到月球上就死定了，可谁曾想，

一回到地球，它又生龙活虎了！

智能手机

哇哦

冲个痛快的
热水澡?

这个马桶是
我家。

蠕　动

蠕　动

滚烫的开水

据说，在新墨西哥州的盐场地下600米处发现的细菌，
至少已经存活了2.5亿年。
为了适应艰难的环境，它们尽量保持不动，
就像死了一样。

还有些细菌在西伯利亚的冻土里活了300万年，在罐头里活了118年，在啤酒瓶里活了166年。真是了不起！

都过去1亿年了，竟然还在睡觉！

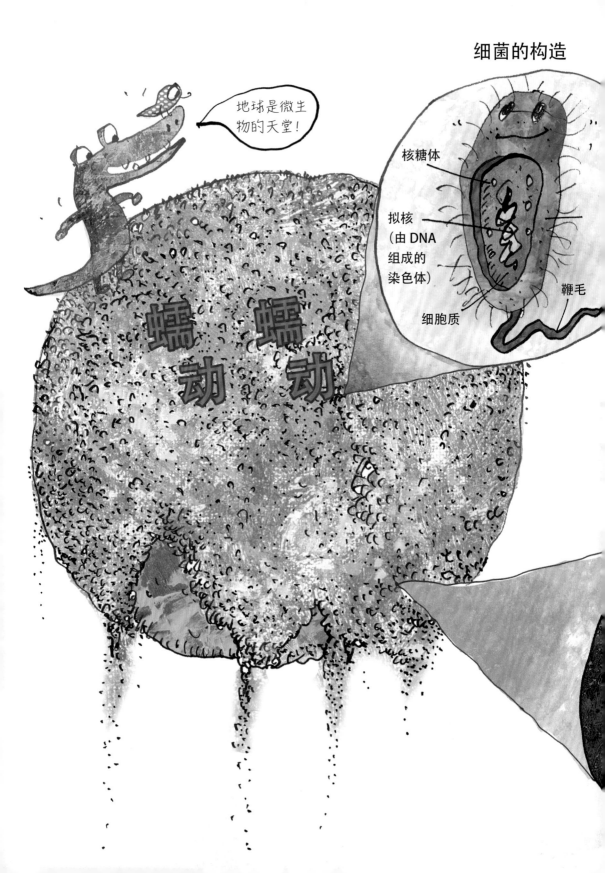

我们细菌的数量究竟有多少呢？

1克土壤里有4000多万个细菌。

1毫升水里有100多万个细菌。

人身体里的细菌比人的细胞数量还要多。

据说，地球上80%的生物体内都有细菌。

那个数量足有10的29次方之多。即，将29个10相乘。

如果用数字来表示的话，就是下面这样：

100 000 000 000 000 000 000 000 000 000

眼睛看花了吗？没错，

我们细菌的数量就是如此惊人，

足以让你目瞪口呆！

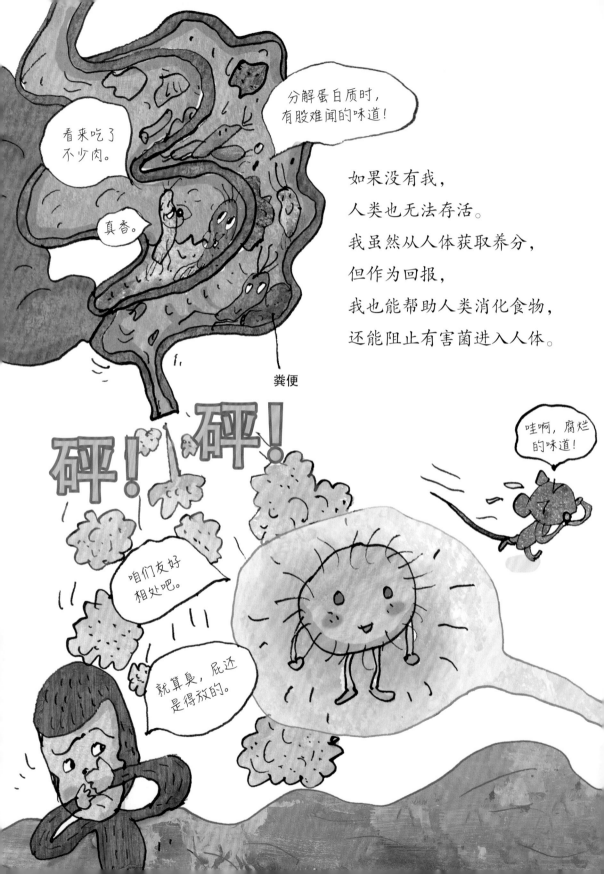

如果没有我，
人类也无法存活。
我虽然从人体获取养分，
但作为回报，
我也能帮助人类消化食物，
还能阻止有害菌进入人体。

告诉你一个有趣的事，

人类一天大概要放14次屁。

如果不放屁，身体就会出毛病。

正是肠道里的细菌，

帮助人类将屁排出体外。

对了，你听说过"大便治疗法"吗？

正如其名，就是利用大便给人治病。

也就是把健康人粪便里的细菌，

移植到腹泻的肠炎患者的肠道中。

虽然听上去难以接受，

但也不失为一个果敢创新的想法吧？

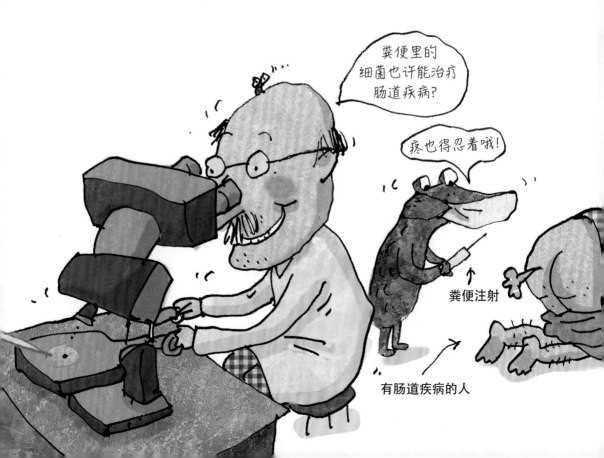

我们细菌是人类的好朋友。

但也不乏一些坏家伙会引发疾病。

有一个叫"幽门螺杆菌"的家伙，

它生活在人的胃中，会引起胃部炎症，

严重时会导致胃癌。

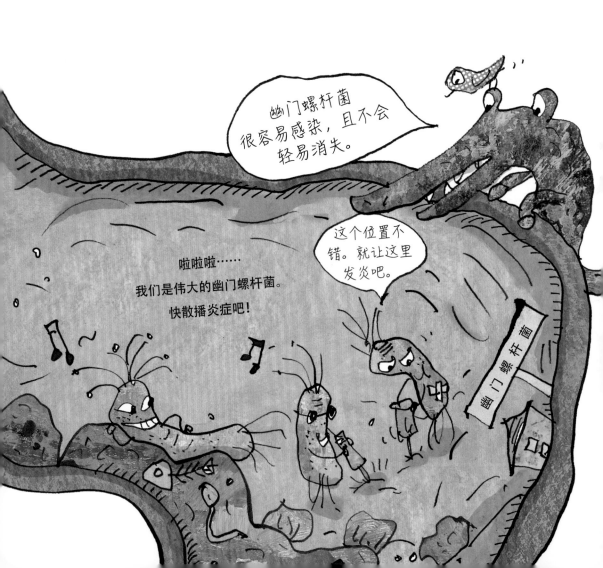

最近还出现了一群非常可怕的家伙。

那就是超级细菌。

它们又称多重耐药菌，

对专门杀菌的抗生素具有强大的抵抗力。

电子望远镜

伽利略

对了，等一等！

到底是谁制造了能观测细菌的显微镜呢？

最早的显微镜出现在1595年，由荷兰眼镜制造商
汉斯·詹森和扎卡利亚斯·詹森父子制作。

而揭开宇宙奥秘的科学家伽利略·伽利雷，
随后研究出了今人使用的光学显微镜的基本构造。

伽利略不仅推动了观察微小世界的显微镜的发展，
还制作了眺望遥远宇宙的望远镜。真是了不起！

那么，最早发现我的人是谁呢？

当然是科学家列文虎克。

1675年，列文虎克正思考用自己做的显微镜看些什么。

然后他从自己的牙齿上刮下了一点牙垢，

拿到显微镜下一看——

天哪，里面有好多挤在一起的虫子。

那便是我们细菌啦！

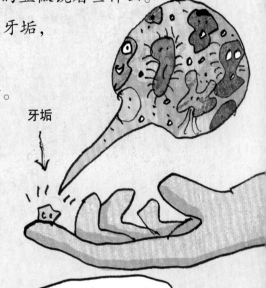

牙垢

镜片

放置观察对象
的位置

调整螺丝

二分裂

出芽繁殖

孢子繁殖

营养繁殖

这些都是无性繁殖。

繁殖方法很简单,但繁殖速度非常快。

这个是酵母的出芽繁殖!

我是由一个细胞组成的单细胞生物。

单细胞生物大部分都是无性繁殖。

无性繁殖是指不需要雌雄结合也能完成的繁殖。

我可以复制出跟我有一样遗传基因的细胞，然后不断繁殖子孙。

这个就叫作"分裂繁殖"。

按照细菌每20分钟分裂一次的话，

那么1个细菌20分钟后就会变成2个细菌，

40分钟后变成4个，60分钟后变成8个，80分钟后变成16个，

100分钟后32个，120分钟后64个，140分钟后128个……

你计算一下，一个细菌一天能繁殖出多少个细菌呢？

千万别被吓晕哦！

咳咳咳！每个人的身上都有味道。

我们细菌就是那个味道制造者。

我们吃掉人皮肤里渗出的杂质，再把分泌物吐出来。

这个分泌物很轻很轻，会飞到空气中，

并由此散发出各种味道。

有些体味很清香，可更多的是难闻的味道，

脚臭、汗味都是极具代表性的例子。

还有，我生活在人们的汗腺附近，不仅能散发出难闻的味道，

而且可以把汗液送出体外。

人的嘴巴里散发出的刺鼻气味甲硫醇也是我的作品。

勤刷牙可以消除口臭。

唰唰 唰唰

刷牙吧，刷牙吧，
饭后睡前要刷牙！

细菌和人类共处很长时间了。

我们彼此互帮互助，

以后也将继续互相帮助。

我们比人类更早出现在地球上，

并进化出各种生命体。

说不定，我们细菌就是人类的祖先呢。

虽然大家的长相不同，

但是地球上所有的生命体都可以说是由细菌进化而来。

不过，如果环境继续像现在这样被破坏，

那么为了生存，我们可能不得不伤害人类。

所以，为了让细菌和人类和平共处，

大家要时刻努力呦！

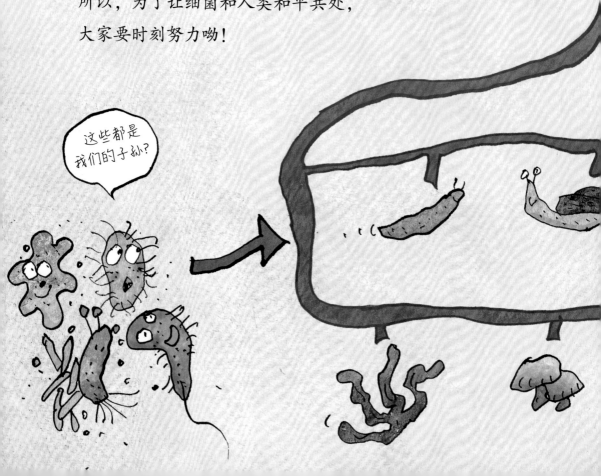

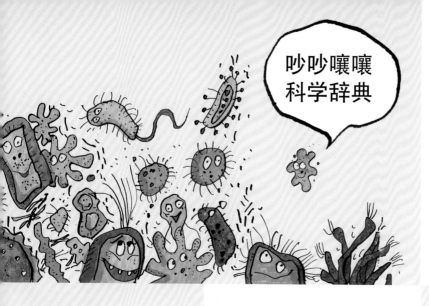

光合作用

指植物利用水、二氧化碳和光制造营养成分（葡萄糖）过程。当产生光合作用时，物会排出氧气。不仅植物有合作用，微生物也能进行光作用。

营养繁殖

指依靠叶子、根、茎等营养器官进行繁殖。

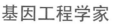

基因工程学家

指通过人为重组遗传因子，制造医学物质、功能性物质、工业原料物质等的人。

二分裂

是细菌繁殖的方法之一。医胞纵向或横向一分为二，所称为"二分裂"。

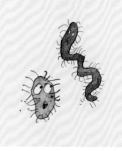

牙垢

指堆积在牙齿表面的石灰性沉淀物，也称牙结石。牙垢会引起牙龈发炎。只靠刷牙漱口无法彻底消除牙垢，需要定期去口腔医院去除牙垢。

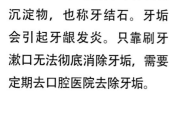

孢子

微生物为了抵抗炎热、干燥的环境和化学物质，会充分利用具备多层膜的孢子结构。所以，在多种微生物中都发现了孢子。

孢子繁殖

指通过孢子进行繁殖的方法。或蘑菇等都是进行孢子繁殖。

生物

个体微小的生物。我们生活所有地方都有微生物。大部微生物不会对人类产生任何向。只是少数微生物对人有或有害。

细菌

是微生物的一种。个头太小，人们无法用肉眼看到。细菌的形状多种多样，比如圆球状的球菌、杆状的杆菌、螺旋状的螺旋菌等。有的细菌对人体有害，有的细菌对人体有益。

臭氧层

以海平面为基准，高度位于10~50千米左右的位置。能够吸收紫外线保护地球。如果臭氧层不吸收紫外线，紫外线直接照射地球表面，很多生物就会生病。

植

把身体组织的一部分或全部离开来，并转移到其他身立。

紫外线

是太阳发出的光之一。我们肉眼看不见紫外线。紫外线会使皮肤变黑。长时间被紫外线照射，会损伤皮肤。

出芽繁殖

指身体某部分长出小瘤状的芽并生长成独立个体后从母体分离的繁殖法。马尾藻、海蜇等都是用这种方法繁殖。

生素

能够消除人体内不良微生物物质。最早的抗生素是青霉。抗生素能治病，但如果使不当，可能会产生斑疹、腹等多种副作用。所以一定要医生指导下使用。

显微镜

指能够观察到人眼无法看到的非常小的物体或微生物的器械。显微镜大致分为两种。一种是将光投射到物体上并用凸透镜放大的光学显微镜，另一种是能够观察到光学显微镜看不到的非常小的病毒的电子显微镜。

图书在版编目（CIP）数据

长满微生物的书. 细菌 /（韩）白明植著、绘；史
倩译. -- 银川：阳光出版社，2022.4
ISBN 978-7-5525-6233-0

Ⅰ.①长… Ⅱ.①白… ②史… Ⅲ.①细菌—儿童读
物 Ⅳ.① Q939-49

中国版本图书馆 CIP 数据核字 (2022) 第 023490 号

박테리아
(Bacteria)
Text by 백명식 (Baek Myoungsik, 白明植)
Copyright © 2017 by BLUEBIRD PUBLISHING CO.
All rights reserved.
Simplified Chinese Copyright © 2022 by KIDSFUN INTERNATIONALCO., LTD
Simplified Chinese language is arranged with BLUEBIRD PUBLISHING CO. through Eric Yang Agency
版权贸易合同审核登记宁字 2021008 号

长满微生物的书 细菌

［韩］白明植 著 / 绘　　史倩 译

策　划　小萌童书 / 瓜豆星球	电子信箱　yangguangchubanshe@163.com
责任编辑　贾 莉	经　销　全国新华书店
本书顾问　千宗湜	印　刷　北京尚唐印刷包装有限公司
排版设计　罗家洋　胡怡平	印刷委托书号 （宁）0022986
责任印制　岳建宁	开　本　787 mm×1092 mm 1/16

黄河出版传媒集团
阳 光 出 版 社　出版发行

出版人　薛文斌	印　张　2.75
	字　数　25 千字
地　址　宁夏银川市北京东路139号出版大厦(750001)	版　次　2022 年 4 月第 1 版
网　址　http://www.ygchbs.com	印　次　2022 年 4 月第 1 次印刷
网上书店　http://shop129132959.taobao.com	书　号　ISBN 978-7-5525-6233-0
	定　价　138.00 元（全四册）

版权所有 侵权必究 发现图书印装质量问题，请与我们联系免费调换。客服电话：(010) 56421544